Alan Walker
Traducción de Sophia Barba-Heredia

Un libro de El Semillero de Crabtree

Crabtree Publishing
crabtreebooks.com

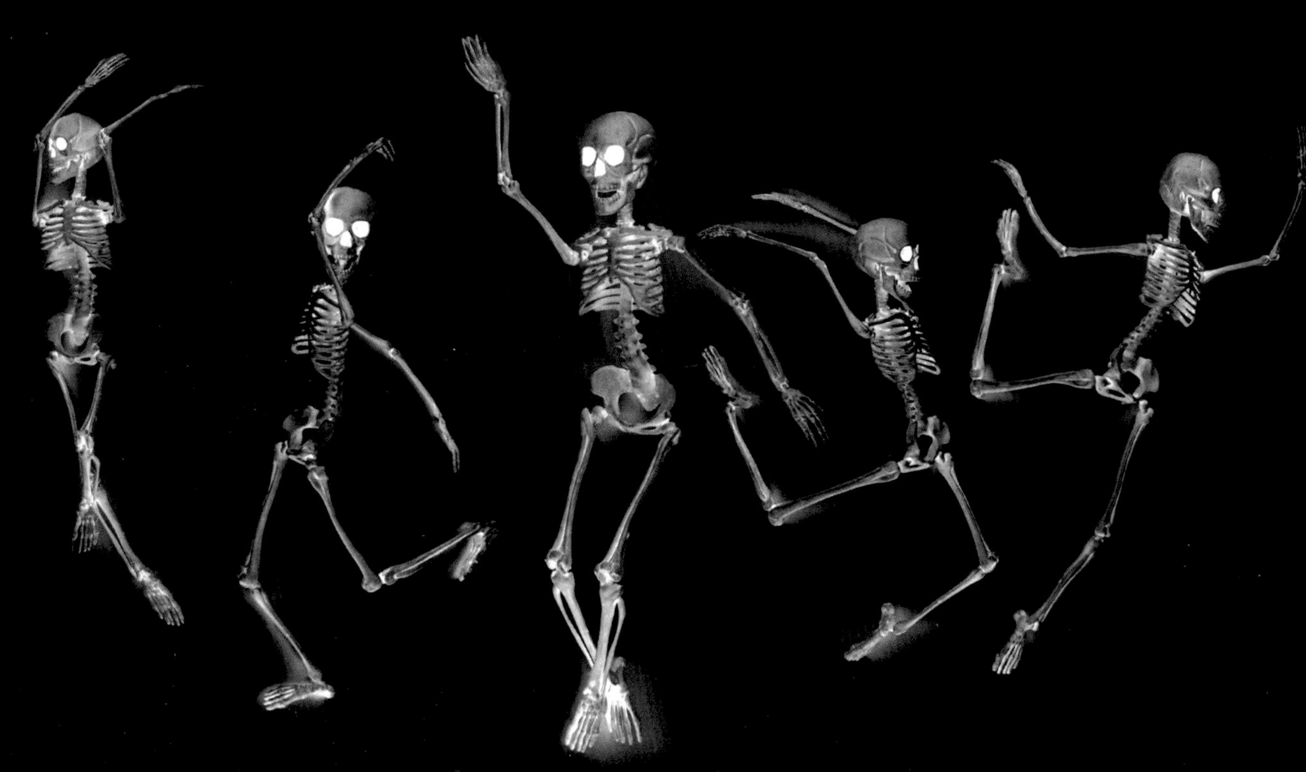

ÍNDICE

¿POR QUÉ NECESITAMOS UN ESQUELETO?

Humanos y animales tenemos partes del cuerpo que nos mantienen vivos. El corazón es la parte del cuerpo que bombea sangre a nuestros pulmones.

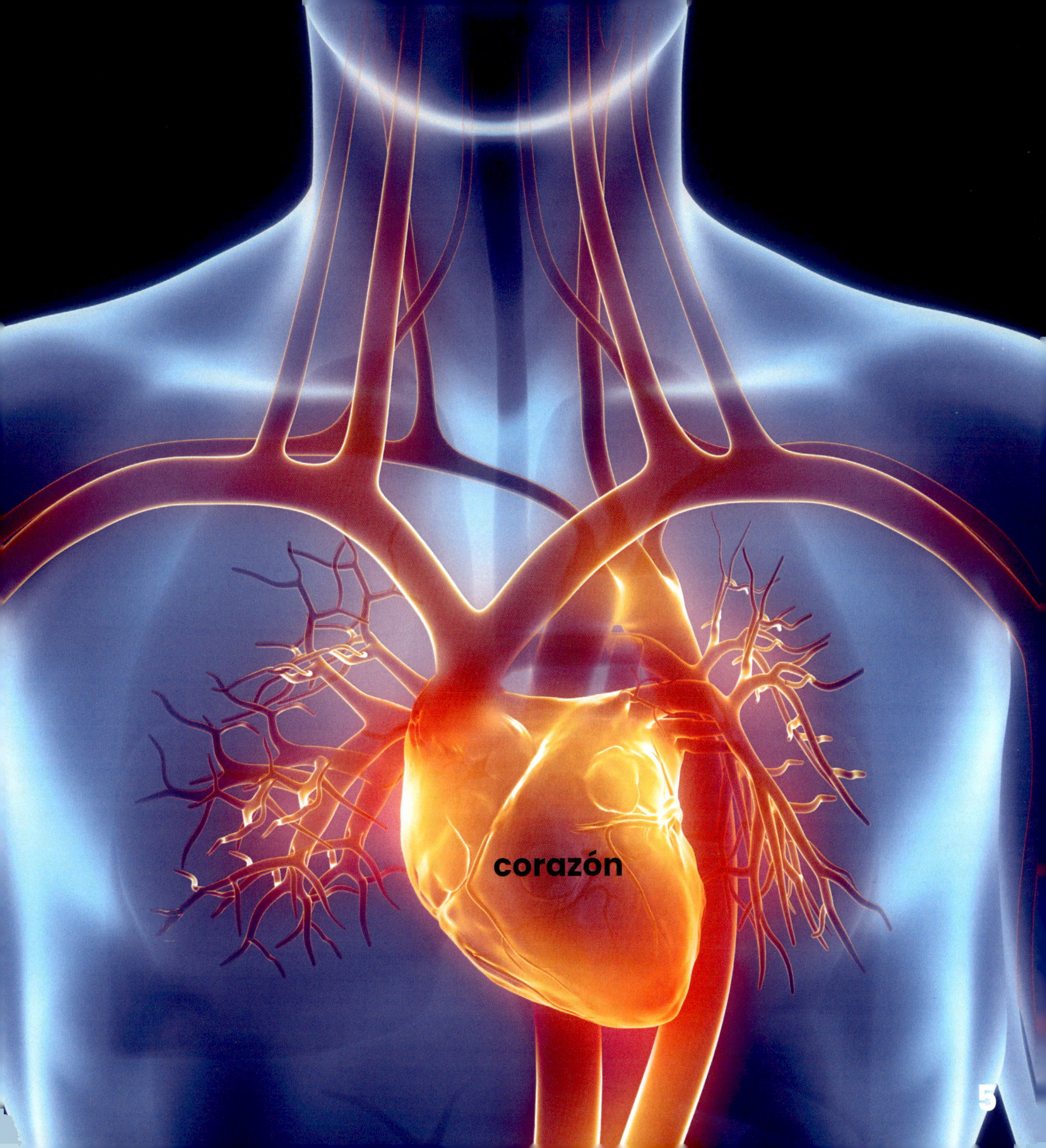
corazón

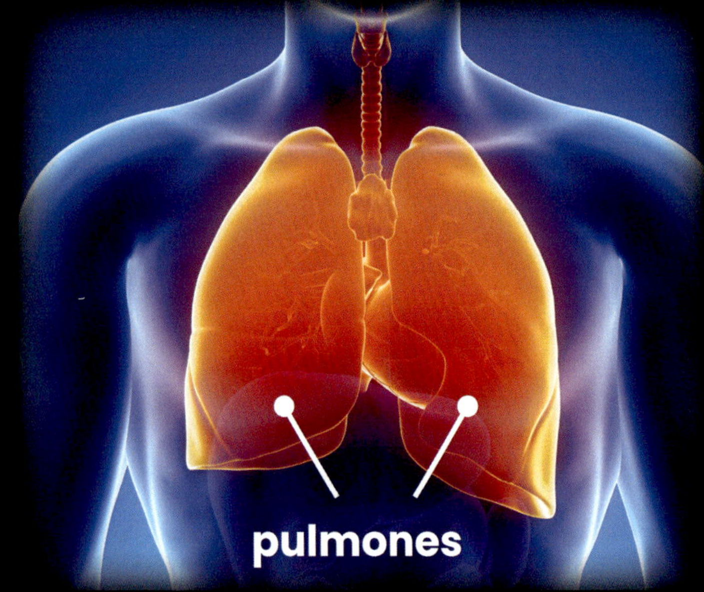

Usamos los pulmones para respirar.

Nuestro cerebro controla el **sistema corporal** y todo lo que hacemos, ¡inclusive cuando dormimos!

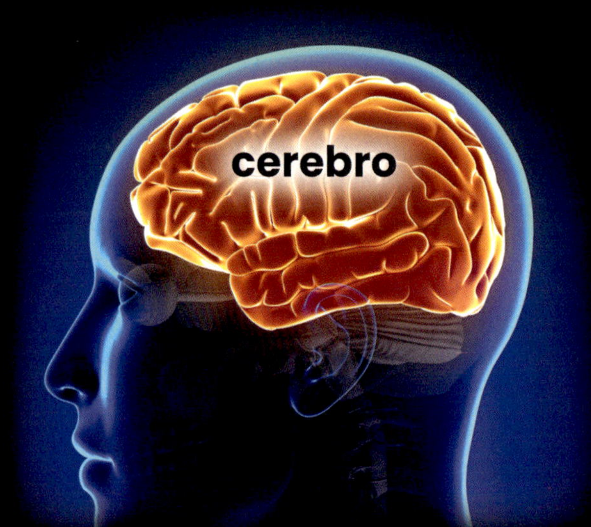

Todas las partes del cuerpo están protegidas por un esqueleto.

El cráneo protege nuestro cerebro.

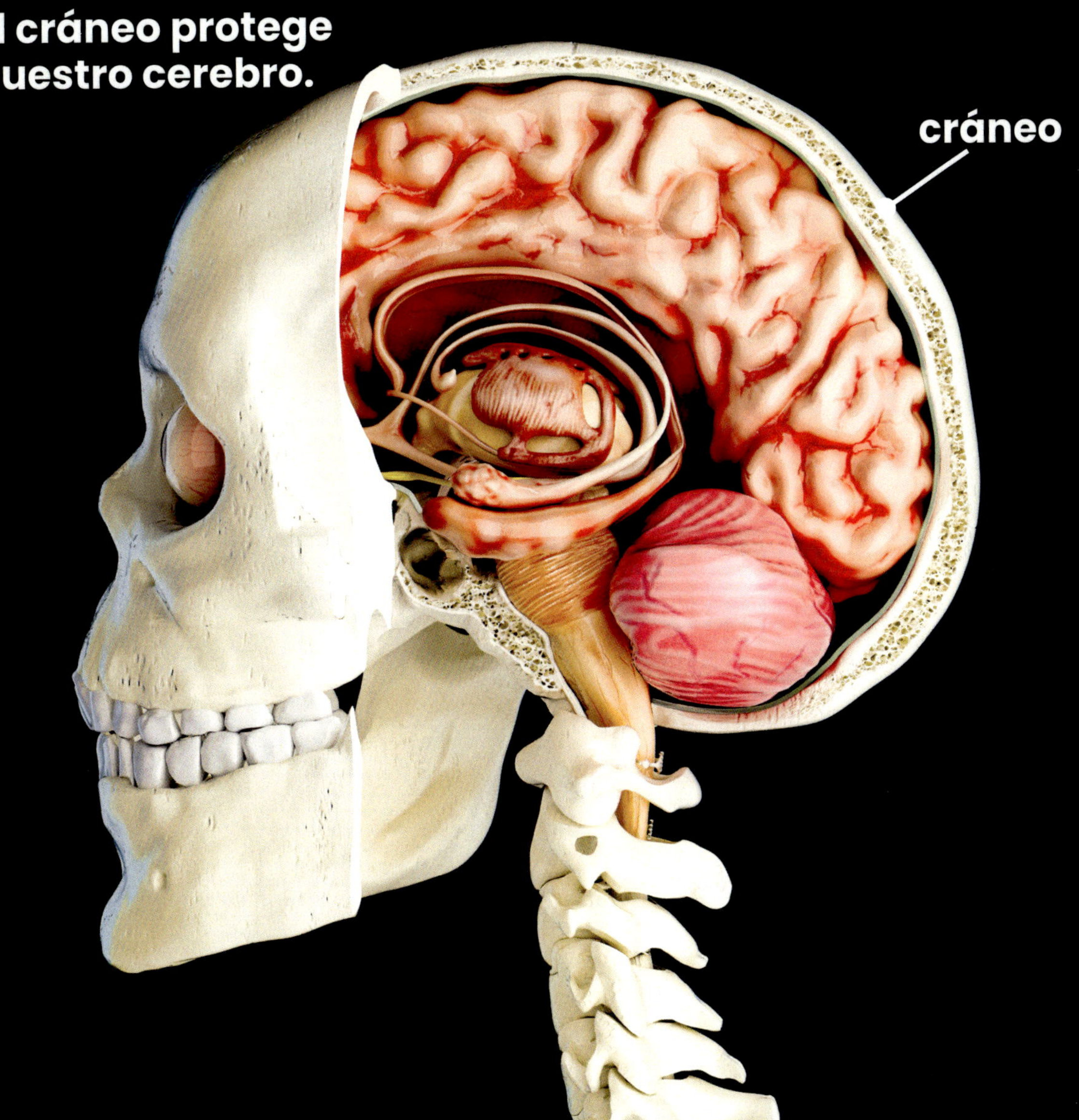

La caja torácica protege nuestro corazón y pulmones.

¡NOTICIAS DE ÚLTIMO HUESO!

Los esqueletos dentro de nuestros cuerpos son llamados **endoesqueletos**.

Sin un esqueleto, no tendríamos forma.

No tendríamos la capacidad de movernos.

El esqueleto adulto humano tiene cerca de 206 huesos.

¡NOTICIAS DE ÚLTIMO HUESO!

Los **músculos** sujetan los esqueletos para que personas y animales se puedan mover.

DOS TIPOS DE ESQUELETOS

Los humanos y muchos animales tenemos endoesqueletos. La mayoría de los demás animales tienen **exoesqueletos**.

¡NOTICIAS DE ÚLTIMO HUESO!

Una tortuga tiene los dos: un endoesqueleto y un exoesqueleto.

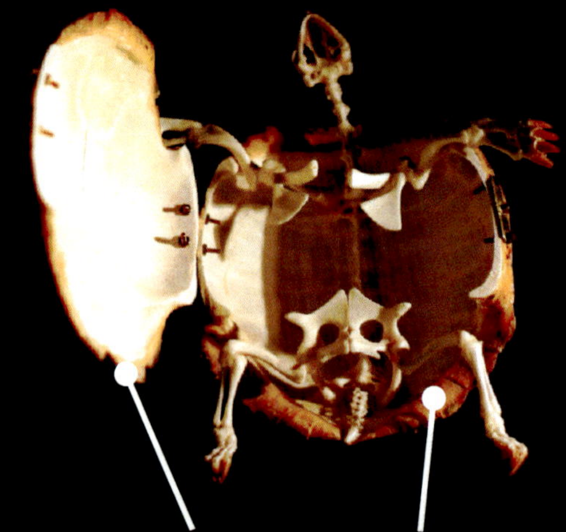

La tortuga usa su caparazón como exoesqueleto para proteger sus partes del cuerpo más suaves.

Insectos, arañas, cangrejos, langostas y camarones tienen exoesqueletos. Tú puedes ver sus exoesqueletos.

Los pulpos, medusas y lombrices son algunos de los animales que no tienen esqueletos. Estos animales no necesitan esqueletos para sostener sus cuerpos.

El agua sostiene al deshuesado pulpo.

La tierra sostiene
a la deshuesada
lombriz.

¡ADIVINA EL ESQUELETO!

Humanos y animales lucen diferentes por fuera. ¡Nuestros esqueletos lucen diferentes también! Estudia las siguientes páginas. Descubre si puedes adivinar al animal por su esqueleto.

¿QUÉ SOY?

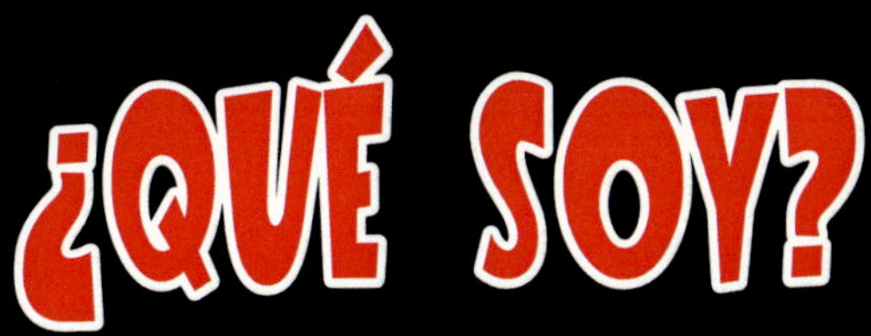

Pistas:

1. Tengo una boca enorme y mi piel es similar a la del elefante.
2. Como plantas solamente, pero soy muy pesado.
3. Soy un gran nadador.

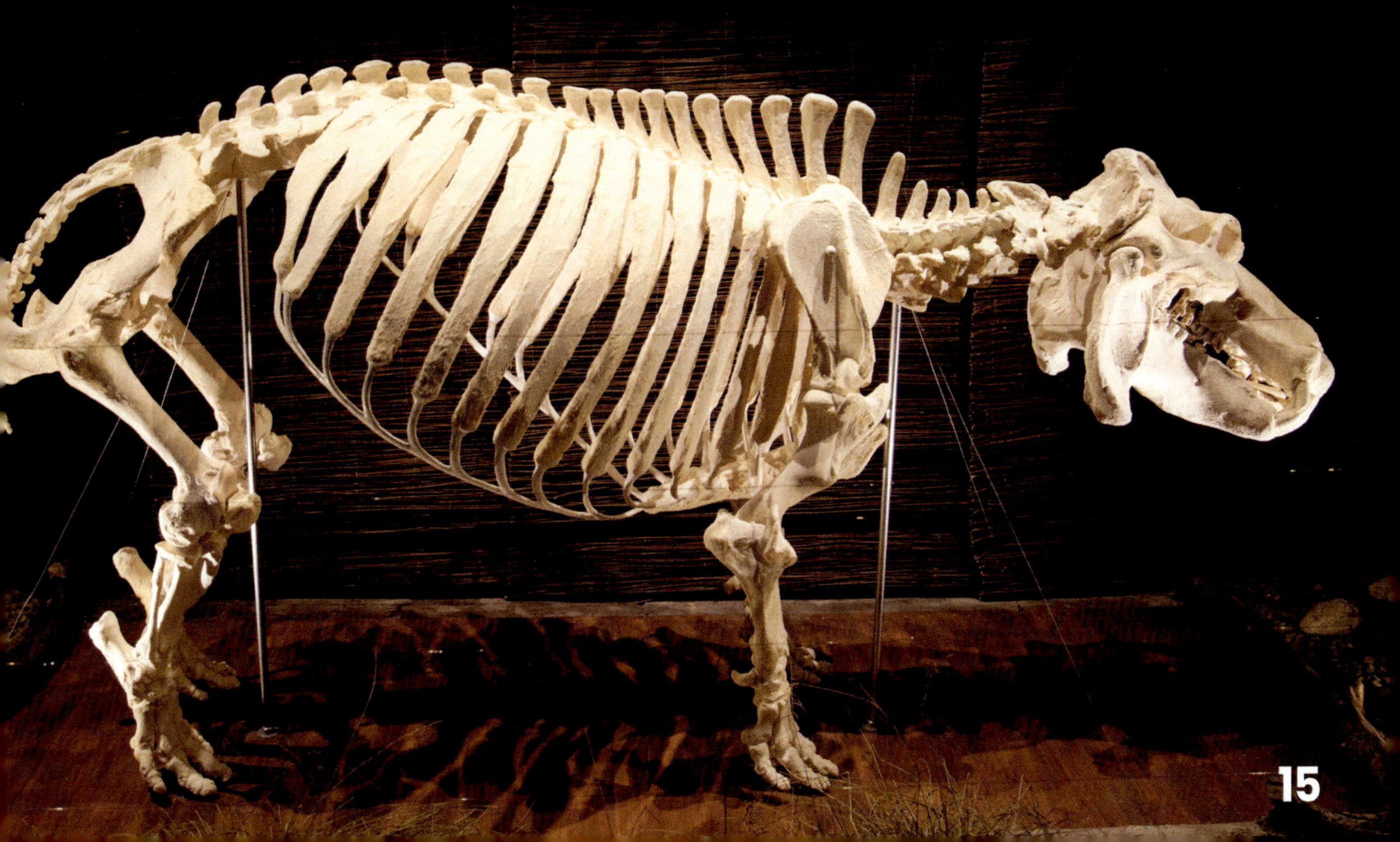

SOY UN HIPOPÓTAMO.

¿QUÉ SOY?

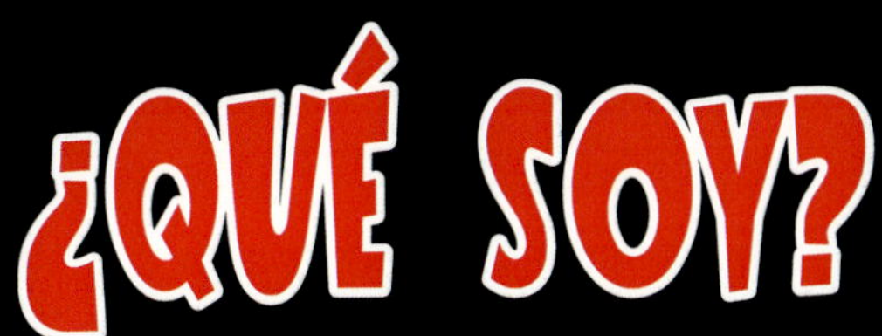

Pistas:

1. Tengo pelaje suave y una cola larga.
2. Soy **carnívoro**.
3. Un montón de gente me quiere como mascota.

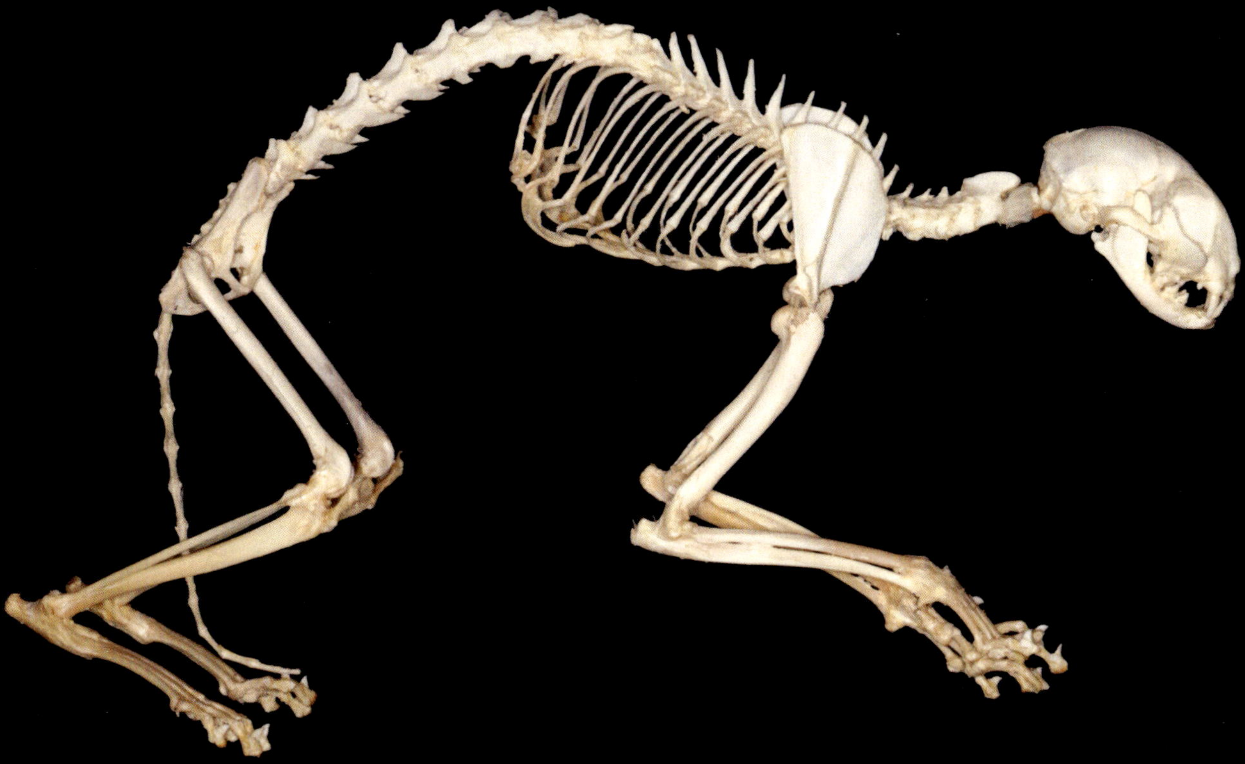

SOY UN GATO.

Pistas:

1. Soy un **anfibio** de ojos saltones.
2. Soy muy buen saltarín.
3. Solía ser un renacuajo.

SOY UNA RANA.

¿QUÉ SOY?

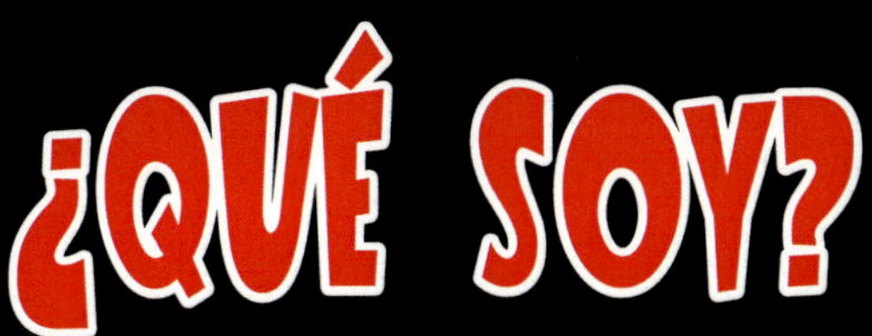

Pistas:

1. Tengo alas, pero aun así soy un mamífero.
2. Duermo boca abajo.
3. ¡Algunas personas podrían decir que soy espeluznante pero genial!

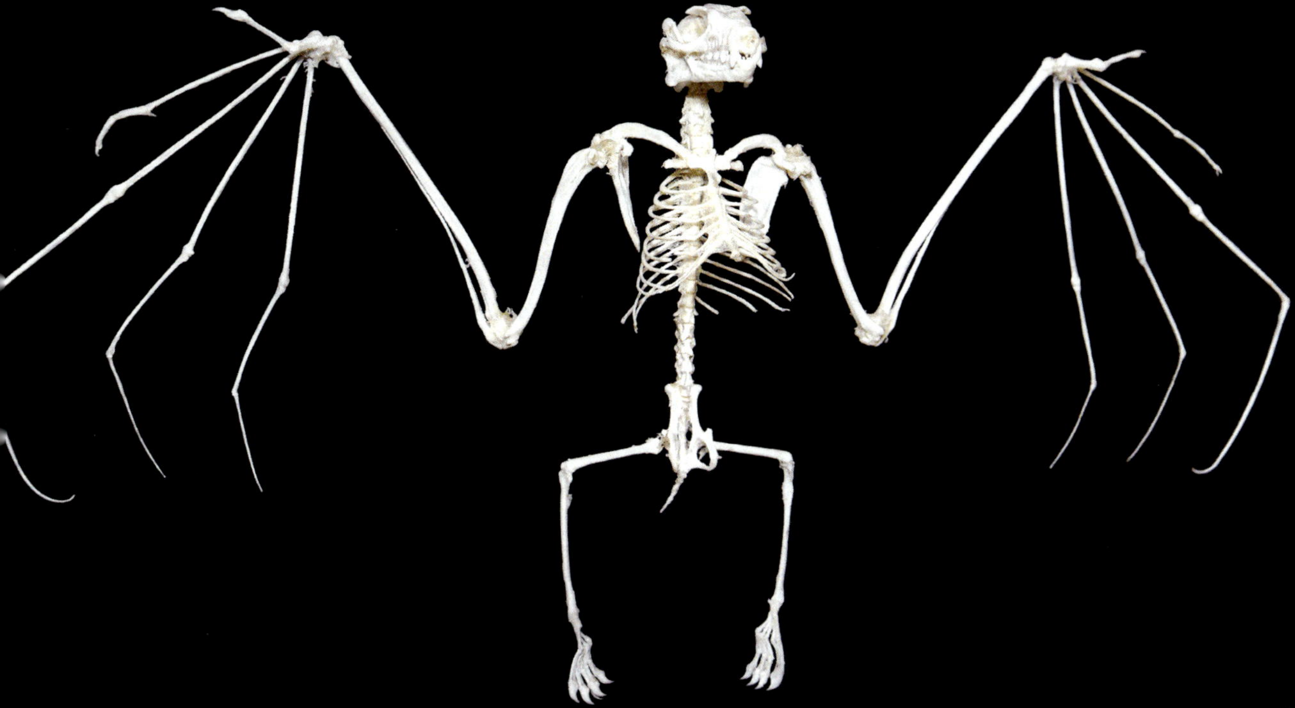

SOY UN MURCIÉLAGO.

Los esqueletos pueden parecer espeluznantes. Pero nos ayudan a correr, saltar, trepar o nadar, y eso los hace realmente geniales.

GLOSARIO

anfibio: Animal de sangre fría con columna vertebral que vive en la tierra y en el agua.

carnívoro: Un animal que solo come carne.

endoesqueletos: Esqueletos que están dentro de los cuerpos.

exoesqueletos: Esqueletos que están por fuera de los cuerpos.

músculos: Las partes de tu cuerpo que están sujetas a tu esqueleto y te ayudan a moverte.

sistema corporal: Grupos de diferentes partes del cuerpo que trabajan juntos para realizar diferentes funciones.

ÍNDICE ANALÍTICO

Apoyos de la escuela a los hogares para cuidadores y maestros

Este libro ayuda a los niños en su desarrollo al permitirles practicar la lectura. Abajo están algunas preguntas guía para ayudar al lector a fortalecer sus habilidades de comprensión. En rojo hay algunas opciones de respuesta.

Antes de leer:

- **¿De qué pienso que tratará este libro?** *Pienso que este libro es sobre Halloween. Pienso que este libro es sobre animales que tienen esqueleto.*
- **¿Qué quiero aprender sobre este tema?** *Quiero aprender si todos los animales tienen esqueletos. Quiero saber cómo los animales sin esqueleto se mueven de un lugar a otro.*

Durante la lectura:

- **Me pregunto por qué...** *Me pregunto por qué algunos animales tienen el esqueleto por fuera del cuerpo. Me pregunto por qué los humanos tenemos esqueletos con tantos huesos.*
- **¿Qué he aprendido hasta ahora?** *Aprendí que los músculos sostienen al esqueleto para que animales y personas puedan moverse. Aprendí que una tortuga tiene endoesqueleto y exoesqueleto.*

Después de leer:

- **¿Qué detalles aprendí de este tema?** *Aprendí que sin un esqueleto las personas no tendríamos forma y no seríamos capaces de movernos. Aprendí que un esqueleto humano adulto tiene cerca de 206 huesos.*
- **Lee el libro de nuevo y busca las palabras del glosario.** *Veo la palabra **endoesqueletos** en la página 8 y la palabra **exoesqueletos** en la página 10. Las demás palabras del vocabulario están en la página 23.*

Crabtree Publishing

crabtreebooks.com 800-387-7650

Print book version produced jointly with Blue Door Education in 2022

Content produced and published by Blue Door Publishing LLC dba Blue Door Education, Melbourne Beach FL USA.

Hardcover 978-1-0396-1863-3
Paperback 978-1-0396-1875-6
Ebook (pdf) 978-1-0396-1887-9
Epub 978-1-0396-1899-2
Read-along 978-1-0396-1911-1
Audio book 978-1-0396-1923-4

Printed in Canada/042024/CPC20240411

Library and Archives Canada Cataloguing in Publication
Title: Esqueletos / Alan Walker ; traducción de Sophia Barba-Heredia.
Other titles: Skeletons. Spanish
Names: Walker, Alan, 1963- author. | Barba-Heredia, Sophia, translator.
Description: Series statement: Espeluznantes pero geniales | Translation of: Skeletons. | Includes index. | "Un libro de el semillero de Crabtree". | Text in Spanish.
Identifiers: Canadiana (print) 20210257458 | Canadiana (ebook) 20210257466 | ISBN 9781039618633 (hardcover) | ISBN 9781039618756 (softcover) | ISBN 9781039618879 (HTML) | ISBN 9781039618992 (EPUB) | ISBN 9781039619111 (read-along ebook)
Subjects: LCSH: Skeleton—Juvenile literature.
Classification: LCC QL821 .W3518 2022 | DDC j573.7/6—dc23

Published in Canada
Crabtree Publishing
616 Welland Avenue
St. Catharines, Ontario
L2M 5V6

Published in the United States
Crabtree Publishing
347 Fifth Avenue
Suite 1402-145
New York, NY 10016

Written by Alan Walker
Translation to Spanish: Sophia Barba-Heredia
Edition in Spanish: Base Tres

Photo credits: Cover photos: skull ©Shutterstock.com/Matis75, cockroaches ©Shutterstock.com/fotorawin. Title Page: shutterstock.com/ Bildagentur Zoonar GmbH. page 2 ©Shutterstock.com/Ezume Images. pages 5, 6 (lungs) ©Shutterstock.com/CLIPAREA l Custom media, page 6 (brain) ©Shutterstock.com/decade3d - anatomy online, page 7 ©Shutterstock.com/Matis75, page 8 ©Shutterstock.com/yurchello108, page 9 ©Shutterstock.com/Linda Bucklin, page 10 ©Shutterstock.com/77Ivan, page 11 ©Shutterstock.com/Mark Van Scyoc, page 12 ©Shutterstock.com/Kondratuk Aleksei, page 13 ©Shutterstock.com/schankz, page 15 ©Shutterstock.com/IDostal, page 16 © Shutterstock.com/Edgieus, page 17 © photowind, page 18 ©Shutterstock.com/Seregraff, page 19 ©Shutterstock.com/revers, page 20 ©Shutterstock.com/Anneka, page 21 ©Shutterstock.com/JAH, page 24 © Shuterstock.com/ FJAH

Library of Congress Cataloging-in-Publication Data
Names: Walker, Alan, 1963- author. | Barba-Heredia, Sophia, translator.
Title: Esqueletos / Alan Walker ; traducción de Sophia Barba-Heredia.
Other titles: Skeletons. Spanish
Description: New York, NY : Crabtree Publishing Company, [2022] | Series: Espeluznantes pero geniales - un libro el semillero de Crabtree | Includes index.
Identifiers: LCCN 2021031770 (print) | LCCN 2021031771 (ebook) | ISBN 9781039618633 (hardcover) | ISBN 9781039618756 (paperback) | ISBN 9781039618879 (ebook) | ISBN 9781039618992 (epub) | ISBN 9781039619111
Subjects: LCSH: Skeleton--Juvenile literature.
Classification: LCC QL821 .W15518 2022 (print) | LCC QL821 (ebook) | DDC 573.7/6--dc23
LC record available at https://lccn.loc.gov/2021031770
LC ebook record available at https://lccn.loc.gov/2021031771